生きているとき

WHILE WE ARE HERE

万洲田千尋

幻冬舎MC

生きているとき

Prologue

はじめに

あなたは動物が好きですか？
ペットを飼っていますか？
いつか動物と暮らしてみたいですか？

わたしは動物のことは嫌いではないけれど、ペットを飼いたいと思ったことは一度もありません。
当然、動物と暮らした経験もありません。

そんなわたしが寒い冬の日に出会った、いえ、出会ってしまった黒い野良猫のお話をさせてください。

あの日の昼下がり、わたしが選択したほんの小さなひとつひとつの行動の積み重ねがなければ、わたしたちが出会うことはありませんでした。

動物と触れ合ったこともないわたしの前に突然現れたよろよろの黒い野良猫。

決して交わるはずのない、わたしの運命と野良猫の運命が偶然重なった六日間。

そのたったの六日間はその後の生き方すら変えるものでした。

その六日間のお話をさせてください。

あしあと

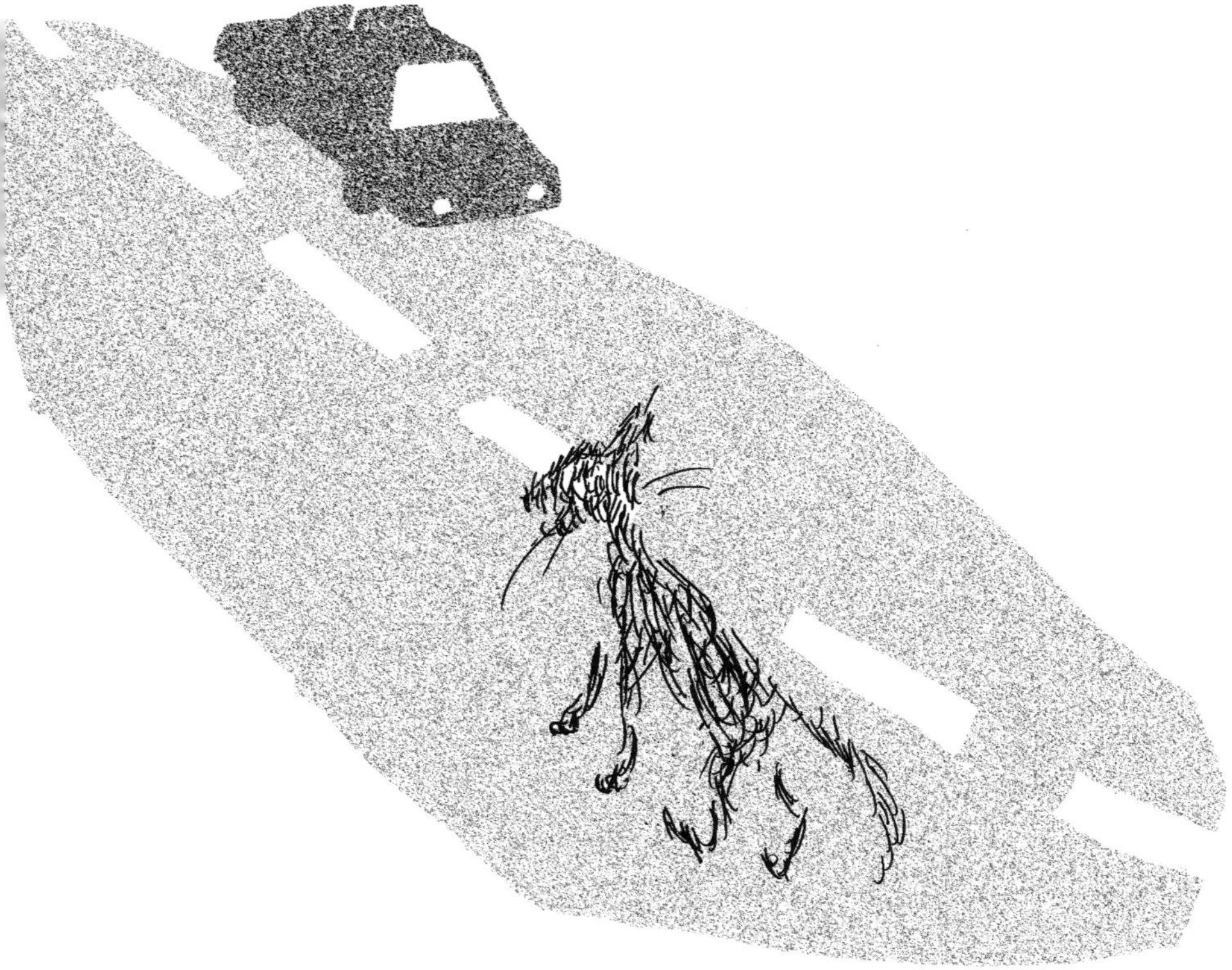

Day 1

1日目

寒い二月のある日、わたしは駅に向かって歩いていました。海外に住む友だちが久しぶりに帰国するというので、会う約束をしていたのです。

空気はキンと冷たいけれど晴れたよい天気。久しぶりに会えるのも嬉しくて、早めに家を出ました。

駅へは、途中交通量の多い道路を渡ります。ケーキ屋の前の横断歩道を渡るか、ファミリーレストランの前にするか、その日の気分はケーキ屋の方でした。

点滅を始めた青信号に急かされ走って渡りました。街路樹は葉を落とし裸の細い枝を、この季節らしいどこまでも澄んだコバルトブルーの空に伸ばしていました。冷たい風は頬に清々しく、この感じ、冬もいいよね、と思ったその時が、わたしの「野良猫ぴっちに出会う前の人生」で見た最後の風景でした。

Day 1

ふと、青い空から歩道に目を落とすと、少し先をゆっくりゆっくり歩く猫の背中がありました。

目の前を猫が歩いている、さほど珍しくない風景ですが、あきらかにその猫の「ゆっくり」の様子がおかしいのです。

猫とわたしの距離が近づくにつれ、そのゆっくりは重い身体を引きずるようにして歩いていたからだと分かりました。そのうえ、猫自身はまっすぐ歩いているつもりなのでしょうが、よろよろと斜めに進んで行くのです。

傾いた背中の猫が向かう先は大型トラックもたくさん通る車道。

あのまま斜めに歩いて車道に出てしまったら間違いなく轢かれてしまう。

わたしが猫に追いついたのは、猫が車道に足を踏み入れる一歩手前でした。

わたしはとっさに、その黒い野良猫を抱き上げました。

野良猫を抱き上げるのは生まれて初めてです。

「何してるの？　道路に出たら危ないよ！」と抱き上げたその時、猫の顔を見て、わたしは息をのみました。

目の周りは目ヤニがびっしり。表情がよみとれないほど汚れて疲れ切っ

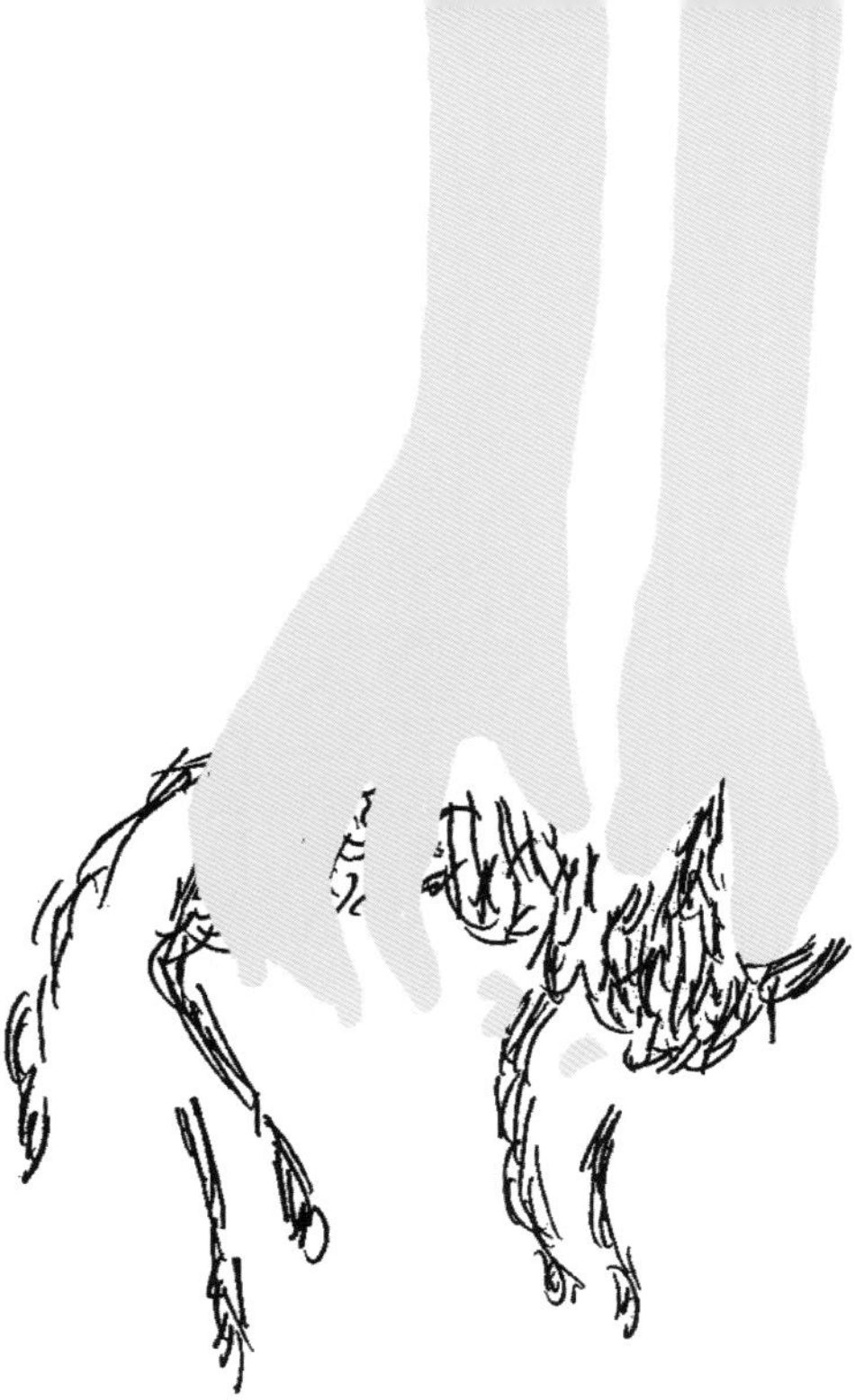

た顔。

猫といえば、跳んではねてコミカルに動いたり、撫でられてうとうとする動画、ペットフードのコマーシャルで満足そうに口の周りをなめる生意気な表情……。知っている猫の存在はそんなものばかりでした。

初めて見る、そうじゃない顔の猫を見て一瞬ぎょっとしたのです。

あ、わたし、たいへんな子にかかわっちゃったかも。

でもそれもここまでです。

野良猫のお腹を両手で挟み、車道から少しでも距離のある歩道の端に着地させました。

骨ばった黒い身体には細かい枯葉がからまっていました。

それでもそのお腹はしっとりと温かく生きものの感触がありました。

「轢かれるなよ、じゃあね」

歩道に野良猫をおいてわたしは駅へと向かいます。

改札への階段を降りる時、気になって振り返ります。すると、なんと野良猫は再び車道に向かって傾きながら進んでいるではありませんか。

あー……。わたしは戻ってもう一度同じように野良猫のルートを変更させます。今度は見守ってみることにしました。

けれど……よろよろとその身体は傾きながら今度も車道へと吸い込まれ

るように進んでいきます。

見てしまった以上こんな危険な場所に放ってはおけませんでした。

手足をばたつかせることもなく伸びている弱った野良猫を抱えてどうするべきか考えます。わたしは待ち合わせをしているし、安全そうな場所も思いつきません。そうだ、ひとまずは野良猫を動物病院に連れて行こう。けれど、動物病院はわたしの生活にはまるで関係のない場所。近所にあるかどうかも知りません。

野良猫が飛び込むところだった車道はタクシーもひっきりなしに通ります。手を挙げるとすぐにタクシーが停まってくれました。

「すみません、この猫を動物病院に連れて行きたいんですけど」

二台に断られました。

わたしが抱えていた猫はどう見ても様子がおかしい猫です。汚れて疲れ切った猫の顔を見て、車内に菌をまき散らされてはたまらないと思われたのかもしれませんし、運転手さんが猫アレルギーだったのかもしれません。

三台目、停まってくれたタクシーの運転手さんは乗車を快諾してくれま

Day 1

した。

「いいよいいよ、どうぞ乗ってください」

運転手さんは、つい最近かわいがっていたペットの猫を亡くしたばかりでした。

「動物病院、この辺りにはいくつかあるよ、どこがいいかな……。この先に二十四時間診てくれる病院があるけど、そこにする？」

汚れてくちゃくちゃの黒い野良猫はわたしの足元のビニールマットにうずくまりました。

車内の暖房とエンジンの発する熱が伝わったビニールマットが暖かくてほっとしたのでしょうか。ぴくりとも動きませんでした。

つい数分前まで二月の冷たいアスファルトの上をふらふら歩いていたのです。突然こんな空間に置かれ何が起こったのかも分からなかったでしょう。

しかし野良猫にとって、自分に何が起きているのか、これからどうなるのか、そんなこと今はどうでもいいようでした。とにかく今は、この暖かい場所から動きたくない、枯葉がまとわりついた頼りない背中は、そんな強い意志を発していました。

　足元に猫。自分が猫と一緒にいることが不思議でした。猫なんてかまってあげたこともないし、べつに好きなわけでもないのに。


「いいことしたね、よくなるといいね」

　タクシーの運転手さんに励まされ、わたしはすっかり瀕死の野良猫を助けた正義のヒーロー気分です。

　タクシーは通り沿いの動物病院の前に停まりました。目の前にそびえる二十四時間診療ＯＫの看板が掲げられたその動物病院は光り輝いて見えました。

Day 1

人工的な暖かさを湛えたマットから野良猫を持ち上げたら、小さく吐いた跡がありました。

いいんだよ、気にしないでと優しい運転手さん。

野良猫はマットに必死で爪を引っ掛け、ここにいるんだと抵抗しています。初めて見せた自己主張。どこにそんな力が残っていたのかと驚くほどの強さです。

おいで、病院の中の方がずっと暖かいし、えさだってもらえるよ。

引き剥がすようにして連れ出しました。

運転手さんの応援の言葉を背に、わたしは、一つのいのちを迫る死から救った人になったんだと意気揚々と病院の扉を開けたのです。

初めて入る動物病院。

「野良猫を拾っちゃったんです」

つい先ほど拾った時の様子を興奮気味に話します。

獣医さんたちに囲まれた診察台の上で目を閉じて横たわる野良猫。アスファルトからタクシーに、そして診察台へ。わたしの手によって野良猫はついにここまで辿り着きました。


大丈夫、この先生たちが助けてくれるから。


その時です。獣医さんは意外な言葉を口にしました。

「どうします？　診ます？」


え……？

弱った野良猫は、先生達が喜んで引き受けてくれるはずでした。

なのに……。

質問の意味を理解するのにそう時間はかかりませんでした。動物病院が病気の野良猫をタダで診てくれると、一体誰が言ったのでしょう。

Day 1

誰もそんなこと言っていないし、言われたこともなかった。

病気のペットは病院に連れて行ってもらえます。飼い主がお金を払ってくれます。でも野良猫は？　野良犬は？

だったら、わたしが「助けた」この野良猫はラッキーだ、わたしと出会ったことで病院に連れて来てもらえたのだから。

動物病院だって、いくらなんでも死にそうな野良猫を見捨てたり見殺しにはしないだろう。

動物病院は動物を救うところ、飼い主のいない野良たちを連れて行けば病院が引き取って救ってくれる……と決めつけていたのです。

そんなわたしに獣医さんが言ったこと。

けがや病気の野良猫を動物病院はタダでは診ません。

動物病院はボランティアで診ると思って連れて来る人がたくさんいますが違います。

あなたがこの病院でこの野良猫を手当てして治療してほしいのであれば、

お金が必要です。あなたが治療費を払うのならば私たちはこの猫にできる限りの治療をします。

払わないのであれば、あなたが家で看ましょう。それができないならば、拾った場所に戻しましょう。


さらに獣医さんは話を続けました。

あなたはこの野良猫を拾ったことで、野良猫の運命を変えてしまったのですよ。その責任があります。ずっと野良猫として生きてきたこの猫を、かわいそうという気持ちだけで、あとは病院が診てくれるだろうという考えで、タクシーに乗せてここに連れてきてしまった。

もし拾わずに放っておいたら、この子は車に轢かれて死んだかもしれない。苦しむことなく即死したかもしれない。そんな死に方も野良猫の運命です。

治療費は払わない、面倒も看られないのであれば、この子を元の野良猫の生活にあなたが戻しなさい。拾ってきた場所に戻しなさい。

Day 1

厳しい生活になるでしょうけれど、これまでずっと野良猫として生きてきたのだから本来の生活に戻るだけのことです。

私たちは、あなたがその選択をしても、それが悪い事だとは思いません。

どうしますか？

わたしはしぼんでいく風船のようでした。

心臓がどきどきして、淡々と話す先生の声が遠くなったり近くなったりして聞こえます。

目の前に横たわる猫の、頼りなく動いているお腹をじっと見つめることで、遠くに行ってしまいそうな自分の気持ちをつなぎとめていました。

そして冷たく聞こえる先生たちの言葉が、現実であり真実であることも次第に分かってきました。

自力で食べ物と寝床を獲得しながら生き、そして死んでいく野良猫の運命に手を加えてしまった責任。

これっぽっちも考えたことのないものでした。野良猫を助けたつもりがその運命を変えてしまったことになるなんて。

　あんなに張り切って病院に乗り込んだわたしでしたが、そこにいるのは、責任もとれないのに病気の野良猫を連れて来た、世間知らずの身勝手な人でした。


　先生たちはわたしを見つめ答えを待っています。

　場違いな診察台の上に置かれ、頭上でこんな会話をされて、それでも小さく上下する枯葉がからまった猫のお腹。目ヤニで塞がったまぶたの奥で黒いビー玉のような瞳はどこか遠くを見つめていました。抱き上げた時の猫の骨ばった身体から伝わった体温がてのひらによみがえります。この手で目の前の大通りに放り出すなんて出来ない、それだけははっきりしていました。


「払いますから診てください」

　その瞬間、わたしと野良猫は、飼い主と病気の飼い猫になったのです。

「では拾ったときの様子を詳しく教えてください」

「ずいぶん厳しい生活をしてきたんだね、寒かったね。もう安心していいよ」

先生たちは猫に話しかけます。かわいそうと言うだけで猫のことを何も知らず、何も出来ないわたしには、先生が野良猫にかける声ははっきりと力強く信じていいものに聞こえました。野良猫は相変わらず横たわったままでしたが、その声や体に触れる確かな手の感覚に、やっと安心できる場所を得たことが分かったようにも見えました。

一体どれくらいのお金が必要になるのか見当もつきません。

けれど、聞いても意味がないことも分かっていました。もし提示された治療費が予想以上に高かったとしても、そんなにするのならやめますとはもう言えないし、どんな治療が必要かは検査して分かることだから。

先生は話します。

これから検査をして今の状態を調べ、必要な栄養やお薬を与えます。野良猫は伝染病のウィルスを持っている可能性もありますし、ノミ、ダニもついているから他のネコちゃんワンちゃんと同じフロアには置けません。この子がここにいる限り毎日何かしらの手当てや治療が必要になります。

てきぱきと処置を施す獣医さんたちの手で、裸の野良猫が消毒され、採血の針が刺され、聴診器が当てられます。

目の前の野良猫の運命をわたしが変えてしまったという話は衝撃的でしたが、まぎれもない事実でした。

あのとき野良猫の進行方向を変えて、そのまま振り向かずに駅へ向かっていたら、いえ、ケーキ屋の前の横断歩道を走って渡らなければ、もっと前、あんなに早く家を出なければ、野良猫は野良猫でい続けられたのです。野良猫として死んだかもしれないのです。野良猫に野良猫の生活をやめさせたのは確かにわたしでした。

Day 1

この子のいのちに対してあなたは責任をとらなくてはなりませんよと迫った先生の言葉に言い訳など思いつきませんでした。生きもののいのちに関わるということは、小さな動物のいのちでも責任と覚悟が必要だったんだとその時知りました。

わたしは動物のことを何も知りませんでした。

そうしてこの日を最後に、黒い野良猫は自らの足で外の世界を歩くことをわたしによってやめさせられました。野良猫は二度とその四本の脚で空の下を歩くことはありませんでした。

道路に戻すなんてしないと決めたにもかかわらず、一体治療費がどれくらいかかるのだろうとても心配でした。

今のわたしに払える金額なのか、探せばタダで診てくれる病院があるのかもしれない。大きな出費になったらどうしよう……。自分で連れて来た猫なのに。

　そういえばわたしは待ち合わせをしていたのでした。点滴のチューブを取り付けられて横たわる野良猫のその名の通り小さな額に触れて「後でまた来るからね」と話しかけました。もちろん何も返してはきませんでした。

　大きなものを抱えてしまった……意気揚々とくぐった病院のドアを、肩を落として出るとき、数十分前の自分が恥ずかしく恨めしくもありました。

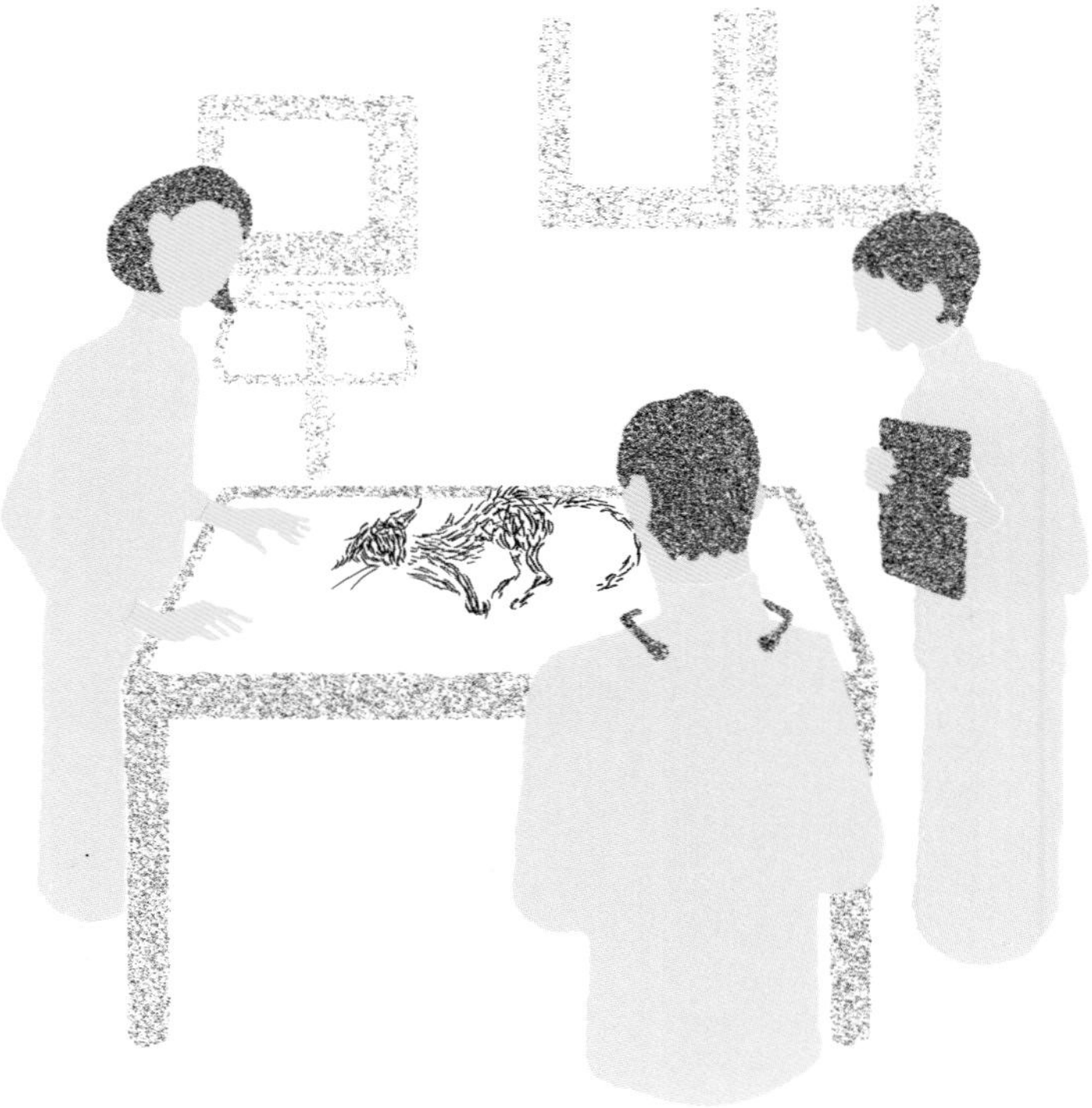

Day 1

わたしがこの日、なぜあんなに早く家を出たのか、その不思議さにため息が出ました。野良猫を拾って病院に連れていき、一生引きずりそうな話を聞かされ、入院の契約をしてもなお、待ち合わせの時間には充分間に合うほどでした。

病院から離れるにつれ、わたしの心は暗くなっていきます。待ち合わせた駅の異常に長く無機質なエスカレーターに地上まで運ばれながら、久しぶりに会う友だちには明るく振る舞おう、そのためにも、野良猫の話はしないと気持ちを整理しましたが、どちらも自信がありませんでした。

会えなかった何年もの時間を楽しいおしゃべりで埋めるつもりだったのに、やっぱり、たった今あった野良猫の話をせずにはいられませんでした。すでに野良猫のことは、大き過ぎて抱えきれない不安になっていたからです。

友だちは、うんうんとうなずいて聴き、あなたはいいことをしたんだよ、と言いました。そして心ここにあらずのわたしに、別れ際、治療費にしてと一万円を差し出しました。

きっとわたしが暗い顔をして、すごくお金がかかりそうと言ったのでしょう。

野良猫を助けたばかりに今後の治療費がどれくらいになるのか分からず途方に暮れている友だちに、「使って」と一万円を差し出す友だちの感覚を心からうらやましく思いました。

わたしに出来るか。「よくなるといいね、祈ってるよ」なんて言うだけでしょう。


あの子が待っている。

友だちと別れたわたしは急いで動物病院に戻りました。

野良猫は小さなケージに入って静かに眠っていました。

生きている。よかった。

病院にいるのだから安心かもしれませんが、生きている野良猫と再会できたことにまず安堵しました。同じ「動かない」でも、動けないのではなく、深い眠りの底にたどり着き動かないのがはっきり分かりました。

Day 1

戻って来たわたしの顔を見ると先生は野良猫について色々教えてくれました。

オス、人間でいうと二十歳くらいの若者。

検査の結果、猫エイズと猫白血病を発症している。ほかにもいくつかの病気を持っているとも。目ヤニで視界はほとんど塞がれている。体力を消耗するから身体は洗えない。食べ物は受け付けず、水分だけ摂ってぐったりしている。

そしてたずねました。

今日はここに入院させて様子をみますか？　それとも連れて帰りますか？

入院ですね。分かりました。

本日の診療代、入院費が足され四万円。

もう少しそばにいたい気持ちもありましたが、眠り続ける野良猫と何も出来ないわたしでは時間がただ過ぎていくだけです。また明日来るからね、動かない小さな頭をケージの間に入れた指先で撫でて帰りました。

さて重い足取りでやっと家に着いたものの問題は山積みでした。

野良猫ってどこで寝るんだろう。家の床下？　公園の遊具のトンネルの中？

そんな漫画みたいな光景しか思い浮かびません。

まさに野宿を続けてきた野良猫のあの子が、静かで暖かく安全な場所で眠っていることがいいことなのかどうなのかも分からなくなっていました。

野良猫の運命を変えてしまった責任、その言葉がずっと頭から離れません。

あの子をいつまで入院させておくか。

入院が長くなれば当然治療費を払い続けることになる、それがどのくらいになるのか、そのお金をどう捻出するか。

退院させたらその後どうするか。

Day 1

退院させてもわたしが家で飼うことは不可能でした。猫を飼った経験がないうえに、朝早く家を出て夜遅く帰る生活では世話は出来ません。かと言って、病気の猫を引き取ってくれる人などいるでしょうか。病院で回復したら、結局またわたしの手で野良生活に戻すことになるのか。

一体どうしたらいいの？

数キロ離れた病院のおそらく灯りが消えた部屋の中。うずくまり、とりあえず今日は深い眠りにおちているであろう野良猫のことを思うと、わたしのほうが心細くなり涙がじわじわとわいてきます。

あの子突然連れて来られた場所で怯えているんじゃないか。自分がこの後どうなるのか不安で不安でたまらないのではないか。

もうわたししか頼れない、というよりわたし次第になってしまった生きものが憐れで悲しく、今すぐ駆けつけて野良猫に謝りたかった。

野良猫のまま一生を終えるはずだったあの子を病院にいれてしまった、運命を変えてしまった。わたし、とんでもないことをしちゃったんじゃないか。

いとも簡単に一匹の猫の運命を操ってしまったあの瞬間を思い出すと急に怖くなりました。そしてそれによって突然思いもよらない出費をすることになったことを後悔していました。

今この知識を持ってあの時間に戻れたら、よろよろと歩く野良猫を抱き上げることなどしないのに、と思うのでした。

せめて小さなあの子を包む眠りが優しく静かなものでありますように。

Day 2

2日目

その日から、猫好きで通っている知人、知恵を与えてくれそうな人、思いつく限りに相談してみました。随分会っていない友だちも、仕事仲間もいました。

猫が好き、猫を飼っている、動物が好き、というわたしにはまるでない感覚を持った人たちが周りに意外とたくさんいたことに驚きました。

Aくん。かつての仕事仲間。

同じチームだった時にAくんから、車に轢かれて「ぐちゃぐちゃ」になっても息があった猫を病院に運びこんだ話を聞いた記憶があったのです。

「俺なら撮影所に連れて行くけどね。野良猫はたくさんいるし、その辺の道端に放すよりはよっぽど安全だよ」

敷地内にいくつものスタジオや広い駐車場、資材置き場を抱えた撮影所は野良猫の恰好のたまり場になっていたらしい。そんなこと知るはずもありませんでした。

撮影所に放す……早速一ついい案をもらえた気がしました。

よしよし、いいスタートだ。

Ｂさん。同じくかつての仕事仲間。

猫好きファミリーで、マウイ、オアフ、と猫たちにハワイ諸島の名前をつけて四、五匹飼っていたはず。

Ｂさんは話の途中で、近くにいる奥さんに「うち、もう一匹飼えるかな？」と聞いてくれました。本当に自然に。わたしがこんなに悩んでいるのに、そんなこと何も問題ではないように。生活の中に家族として猫がいる人たちの感覚に初めて触れた気がしました。

優しいＢさんファミリーと先輩猫に囲まれた黒い野良猫。ああ、これが現実になったらどんなに嬉しいことか!!

けれど続きを話さなくてはなりませんでした。

「病気を完治させて退院させるのは難しいんです。Bさんの元気な猫たちと病気の猫が一緒に暮らしても大丈夫でしょうか？」

「どうしようもなくなったら相談して」

Bさんはそう言ってくれました。

Aくんがくれた撮影所に放すアイディアをBさんに話したら、もともと住んでいる先輩猫にいじめられて、もっと弱っちゃうかもよと言われました。野良界の掟か。何もかも知らないことばかり。

C。獣医師と結婚して、地元で動物病院をサポート。

海も山もあるのんびりした町で高校生活を共に過ごしたクラスメイトです。毎年、年賀状の家族写真には犬も猫も並んで納まっていました。

今や動物看護師の彼女はこう言います。

ケガしてた、倒れてたって犬や猫や鳥を拾って病院に連れて来る人は多いよ。タダで診てくれるって思っている人も多い。病院によって対応は色々。先生のポリシー、人柄にもよるし、治療をするには飼い猫でも野良猫でもお金がかかるからね。うちは、元気になったら引き取って飼うって約束するならタダで診てるよ。大体は飼うから診てってなる。

野良猫の運命を変えてしまった責任か。拾った場所にもう一度戻す……か。うちは言わないけど。

飼えないなら、環境のよいところに連れて行って放してあげたら？

話を聞いていたら泣けてきたよ。動物もその子みたいに過酷な運命を背負って野良として生きる子もいれば、暖房効いた部屋でキャットフード食べてぬくぬく育てられる運命の子もいる。そんな環境においておきながら「うちの○○ちゃんがおかしいの！　早く診て！」って血相変えて太った飼い猫を抱えて駆け込んでくる人もいるしね。動物は自分でこう生きたい、こうなりたいって生き方を選べないもんね。

Cにつぶやきました。

「これまで一度も動物を飼いたいと思ったこともないし、とくに動物が好きなわけじゃないんだよね。なのにどうしてこんなことになっちゃったのかな、どうしてあの子と会っちゃったんだろう」

わたしが動物と暮らしたいと思わない理由、それは、死んだ時の悲しみを味わいたくないからでした。

避けられないものとは知りながら身近な存在の死という経験は、できるなら味わいたくない。ペットを飼ったらそれは家族です。毎日遊んでそばにいたそのペットが死んでしまったら……。

怖くて悲しくてもう二度と動物は飼わないと思うに決まっています。身近な人の死は体験しているし、時間が経てば、その悲しみも形を変えて思い出になることも知っています。けれどいつか死ぬと分かっていながらペットを飼って、わざわざその体験の数を増やすなんてことはしたくありませんでした。

Day 2

そんなわたしにCが言いました。

「死んだら悲しいから動物を飼わないって言うけど、猫も犬も、動物は生きているとき一緒に暮らしている時間に、死んだときの悲しみ以上に大切なことをたくさん教えてくれるよ」


D。小学校からの友人。

彼女の家に行くと、毛並みのきれいなすらっとした白い猫、愛されていることが一目で分かる猫が何匹かいたのを思い出します。

Dのおっとりした声を久しぶりに聞いて安心したのか、わたしは我慢していた涙を止めることができませんでした。

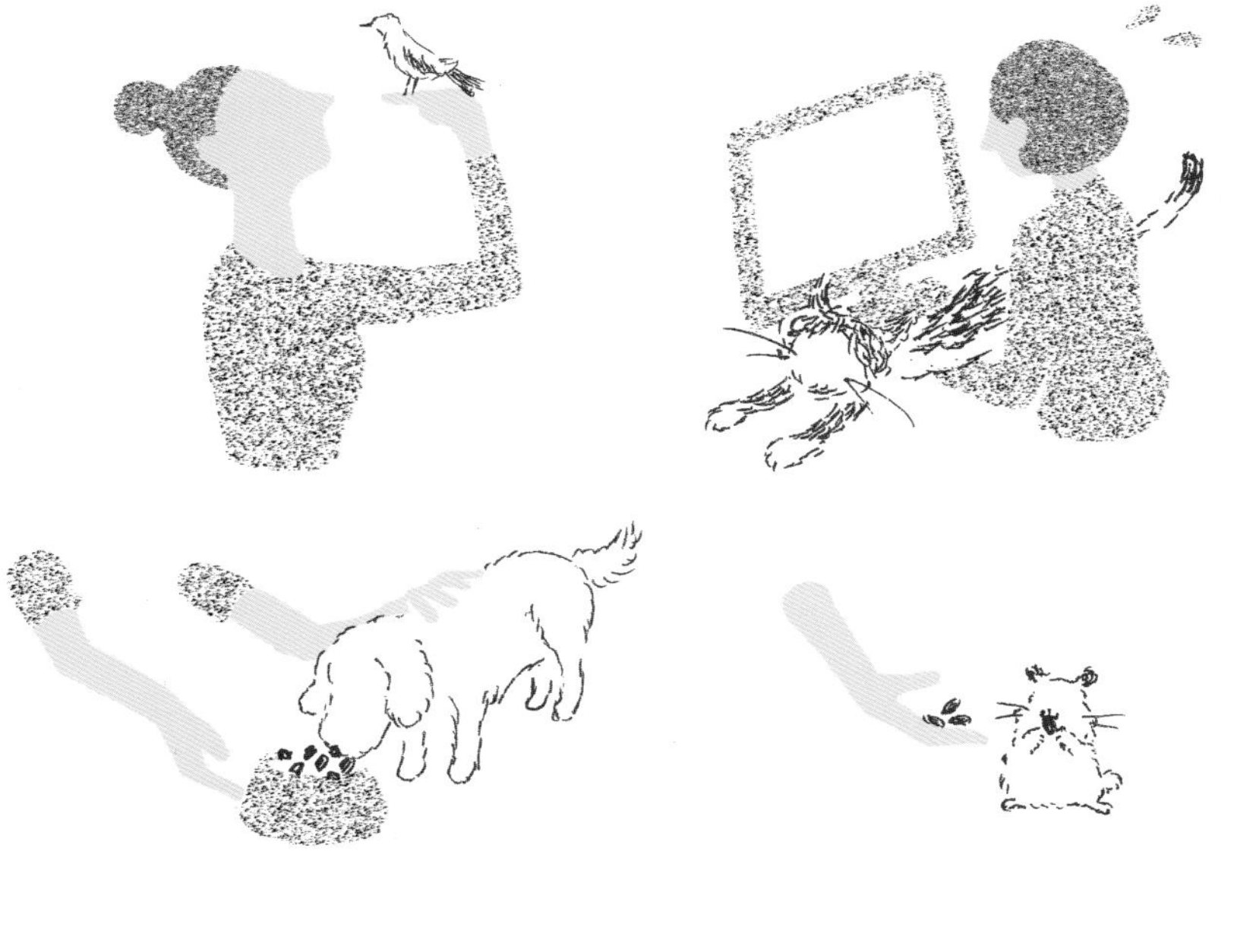

その野良猫はすごく感謝しているはずだよ。運命を変えてしまった責任なんて感じなくていいよ。暖かくて安全な場所でゆっくり休めることができて嬉しいに決まっている。

電話の向こうでＤも泣いています。

繊細で思いやりのあるＤは、そんな風に野良猫の気持ちを代弁してくれました。歴代の飼い猫との思い出、お別れしたときの風景。そんな話を聴いていると、悩んでいたことを忘れました。生きているあの猫の小さな心臓の鼓動と温かさを想いました。とりあえず今は寒空の下、身体を引きずりながら歩かなくてもいい、なぜか水と食べ物もある。そんな環境にほっとしているのかも。そうだったらいいな。自分を責めてばかりいたけれど、Ｄのおかげで少しだけ野良猫に安らぎの時間をあげられたのかもしれない、と思うことができました。

Day 2

Eさん。時々同じチームになる仕事仲間。

思いがけずばったり会ったのです。

「おお、久しぶりだな、元気？」

例の撮影所でも仕事をしていたEさんに、野良猫を拾って病院で診てもらっていること、よくなったら撮影所に連れて行って放そうと思っていることを話しました。

「僕は反対だな、野良猫の被害に遭っているからね。撮影所の野良猫問題は僕らには深刻なんだよね」

スタジオに入り込んだ野良猫たちに道具や創りものを汚したり壊されたりしているというのです。

頼みの綱だったアイディアが霞んでいきました。

野良猫もハッピーわたしもハッピー、皆がよかったね、と言ってくれる素敵な解決策はどこにもないように思えました。病気の野良猫を野良生活に戻すということは、誰かに迷惑がかかり、何かが犠牲になる。

そもそもこの世に幸せな野良猫なんているのかな？

F動物病院。物静かな印象の獣医師。

ふと目に留まった動物病院です。これまで何度も前を通ったのに動物病院だとは気づきませんでした。野良猫がいる病院以外の先生の意見を聞いてみたいとドアを開けました。その獣医師の言葉です。

入院させずに元の場所に戻してあげた方がその猫にとっては幸せだったかもしれませんね。今後入院が延びれば延びるだけお金もかかり、あなたの負担も増えていく。元気になるのは難しい。安楽死という道もあります。いちばんいい方法を考えてください。あなたにも、猫にも。僕らにとっては病気のペットもその飼い主も患者です。

安楽死。思いもよらない言葉を突然聞かされて、昨日からずっと続いていた頭の奥の小さな頭痛が表面化してきました。

払い続けるのが難しいから安楽死させる？

お金がかかるから野良猫を殺すってこと？

Day 2

病気が治る可能性がないから安楽死させる？

死んで楽になりたいってあの野良猫が言うか？

そんなの安楽死じゃない、こちらの都合で死んでもらうってことじゃないか！　殺すってことじゃないか！

一礼してドアを閉めました。

野良猫のいのちはわたしたち人間にもてあそばれているようでした。人間の会話の中で、何度も何度も生きながらえたり殺されたり冷たい二月の空の下に放り出されたり。

木の葉のように軽く、雑貨のように売り買いされ、野良猫の意思は完全に無視して人間の都合だけで漂っていました。

そんなことを思いながら、ケージの前に辿り着きました。

ケージの中には今日もたったひとりでうずくまっている野良猫。かすかに寝息をたて、時々思い出したようにぴくっと足が動く。生きていますと見せてくる野良猫を目の前にしたら、どうしたら野良猫が幸せになれるかではなく、どうしたらわたしが重いものを手放して楽になれるかばかりを探していたことに気づきました。涙があふれ、ごめんね、ごめんね、と繰り返すばかりでした。

聞いた人の数だけアイディアとそれぞれの猫への想いがありました。

これがいい、という答えは出せないけれど、目の前が真っ暗で家路についた昨日を思えば、ぽつんぽつんと道標になるあかりが灯りました。野良猫の前にも未来に続く道はある、あるんだと自分に言い聞かせました。安楽死という道を除いて。

今日のお金を支払って病院を後にしました。

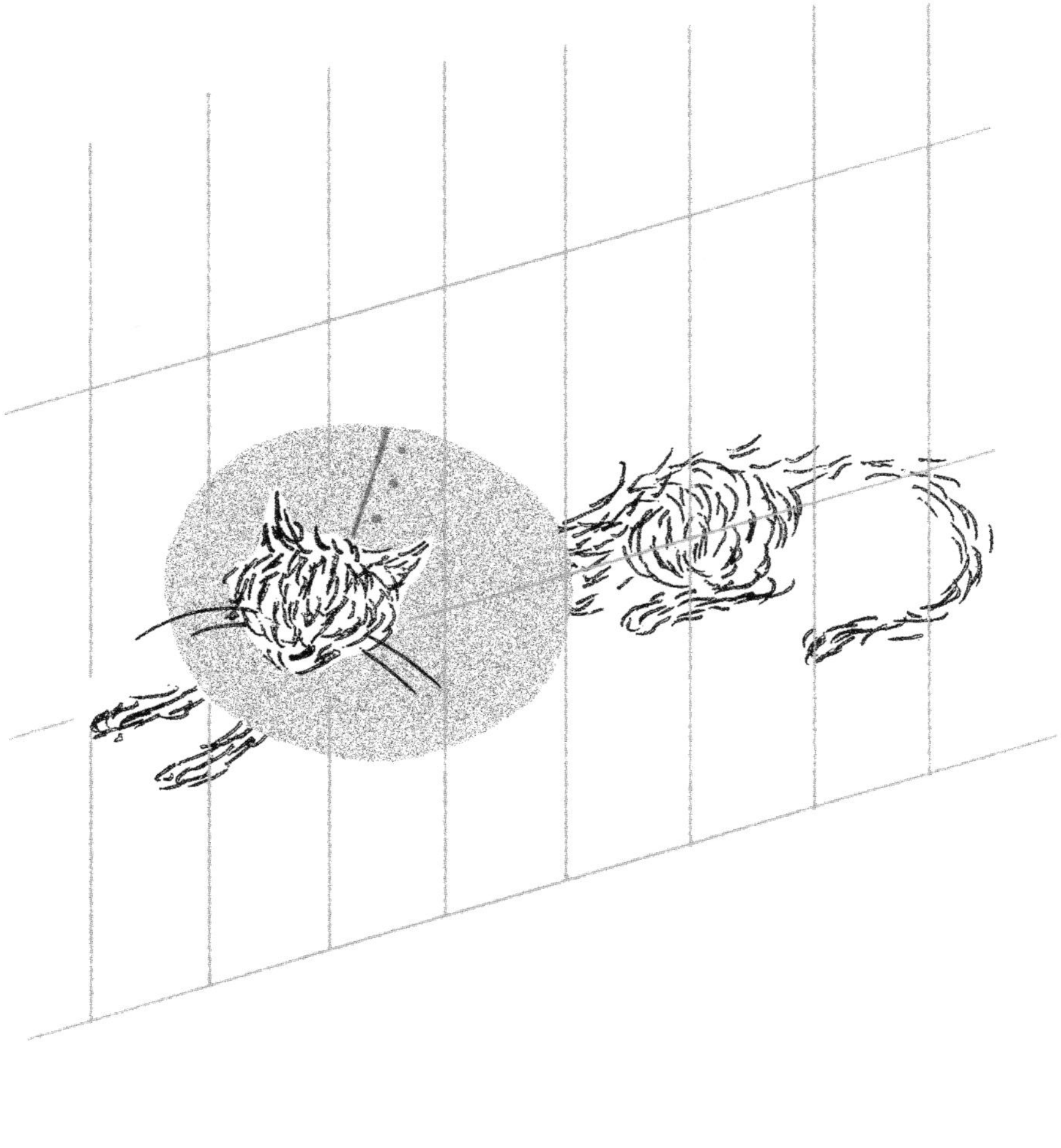

Day 3

3日目

今日もやはり野良猫はケージの中でひとつの黒いかたまりになっています。

人の気配を感じると細く目を開けて、なんだお前かというように目を閉じることもありました。

なんとこの日、野良猫はエリザベスカラーをして横たわっていました。

わたしにはエリザベスカラーは「ペット」の象徴、きちんと手当てをされている勲章でした。人間の世界で生きる猫だけが装着を許されるエリザベスカラー。

不本意なものを首に巻かれても抵抗すらできない野良猫が憐れでもあり愛しくもありました。野良猫と出会ってから初めて笑顔になれたひと時でした。

先生による、今日の野良猫。

Day 3

ケージの床が暖房カーペットになっているんです。暖かいポイントがタイマーで変わるからそれを探して移動してはちょんと座り、また移動してちょんって感じでしたね。ずっと。

生まれてからずっと寒い冬をどうやって乗り越えてきたんだろう。そのたくましさとひもじさと孤独を想像すると、わたしなんかよりよっぽど野良猫のほうが「生きる」ってことをしている。

それなのに今、人工的に作られた暖かさにすべてを委ねエリザベスカラーをつけてふてくされている。元野良猫のふがいない姿を見つめていました。のそのそ動き水を飲んでいる、わたしの知らない時間。それを知っている先生たちがうらやましくも思えました。

この子本当はこうやって暖かい場所で目を閉じて休みたかったんじゃないのかな。けれど野良猫の世界ではそうもいかず、追い立てられるように旅を続け、ねぐらを探し、毎日毎日ただ歩き続けなくてはならなかったんじゃないのかな。食べられる日も食べられない日もあっただろうな。
ケージの隅の小さな皿にはコロコロした茶色のえさが入っていました。

今日した処置と様子を聞いて帰ります。そして「今日はこちらになります」と金額の書かれた小さな紙切れを渡されます。

入院治療費は一日一万円ほどになりました。

また明日来るからね。ちょっとは食べるんだよ。

いつも触れながら言葉をかけました。そして先生たちの前では口に出せないことは心で強く伝えました。

連れて来ちゃってごめんね。本当はわたしが飼ってあげられたらいいのに、このあと君をまた過酷な生活に戻そうとしているわたしを許してくれる？　君はどうしたい？　教えてよ。わたしと暮らしたいなんて言わないでよね。言わないか。

Day 3

話しかけながらいつも涙がこぼれました。

そして病院を出て、治療費のことで悩むのでした。

万単位で加算されていく出費。

入院している限り払い続けることになる。そんなに不安なら、じゃ退院させる？

いや、このあと野良猫にどこで生活させるかを決めていない。もう少し病院にいさせないと。少しでも体力を回復させてあげなきゃ。

つまりそれは野良猫が生きている限り払い続けるということ。病院で生きている限り。

でも死んじゃったら、そこで支払いは終わる……。

死んだら……。

自分がいやになりました。

振り切るようにして足早に帰りました。

Day 4

4日目

友だちと会う日でした。わたしは野良猫のことを彼に話していませんでした。

メールで野良猫のことを伝える気にはなれませんでした。野良猫と出会ってしまったことや今のどうしようもない思いは指で打って伝えられるレベルではありませんでした。

しかし無理して元気に見せる必要もない友だちに会った途端に泣き出したわたしに、何も知らない彼は驚いていました。

映画を観るのをやめて動物病院に行きました。いつも一人どんよりした気持ちで来ていたこの動物病院ですが、二人でいることがとてつもなく心強く、いつものどんよりは彼が半分預かってくれたような身軽さでした。

本日も野良猫は伏せたままうずくまっていました。

「来たよ」

元気になっているのかどうなのかも分かりません。ただ静かに休んでいる、そんな姿でした。
わたしを泣かせるその猫は汚れていてお世辞にも愛らしい風貌ではありませんでした。子どもの頃、猫を飼っていたという彼は、とくに驚きもせず野良猫を見つめ、そしてケージの隙間から野良猫の後ろ脚に触れました。
　わたしたちは何も話さず長い時間ケージの前にしゃがみ込んでいました。

　野良猫の状況は変わらない、実はひっそりと悪くなっているのかもしれない。けれど誰かが一緒にいてくれることで、この先わたしと野良猫を待ち受けている運命に立ち向かう勇気が生まれていました。希望すら感じました。

　回復を願いながらも、治療費ばかりを気にしている浅ましい人間にしか見舞ってもらえない野良猫に、新しい友だちを作ってあげられたのも嬉しかったのです。そして何よりこの子がいつかこの世から消えても、わたし以外の誰かの心の中でも生き続けることが嬉しかったのです。

　彼の前で治療費の話をするのを遠慮したのか「こちらへ」と隣室へと呼

ばれました。
わたしに対する先生たちの態度は日ごとに変わっていきました。やっかいな病気を持った野良猫をうっかり拾って勘違いして意気揚々と連れて来た。それが、毎日様子を見に来ては泣き、治療費をその場で払って帰って行く。そんなわたしを、野良猫を見捨てなかった人として認め始めている感覚がありました。

今日も特に変わったことはなかったですね。食べないですね。
様子を聞いて、一万円を支払って、よろしくお願いします、と言って部屋を出る。このやりとりにも慣れてきていました。

今日は友だちができてよかったね、またね、また明日ね。

二人で病院を出ました。車の中で彼が言いました。

Day 4

「君が隣の部屋に呼ばれたら、あの子、君のこと目で追って、檻の隙間に顔を押し付けてずっと君がいる部屋のほうを見ていたよ」

わたしは長いこと、本当に長いこと泣きました。

治療費に悩み、この後また外に放り出そうとしているこんなわたしを見えているのかも分からないその目で追ってくれていたなんて。わたしにそんな資格はありません。

それなにの何を想ってわたしの行方を見つめていたのか。そんな野良猫がかわいそうでいじらしくて哀しくてたまりませんでした。

わたしなんかに……。

意思表示をする気力なんてもう残っていないのかと思っていたのに、わたしの背中で君は君の意思を見せてくれていたんだね。

見たかったよ。君の感情が動くのを。


この日からかお金の心配をしなくなった気がします。

お金はわたしが働いて生みだせばいい。

もし持っているお金が足りなくなっても、事情を説明したら貸してくれる友だちもいそうな気がする。

仲間に募金をお願いしたらどうかな。

仕事を終えて毎日野良猫が生きながらえているのを確認して安心して、お金を払って……。

そんな日々の繰り返しもこの子が生きているから続けられること。

生きているから。

わたしこの子に死んでほしくないな。

うん、死んでほしくない。生きている限り払い続ける。なんとかしよう。

その日、はっきりそう思ったのです。

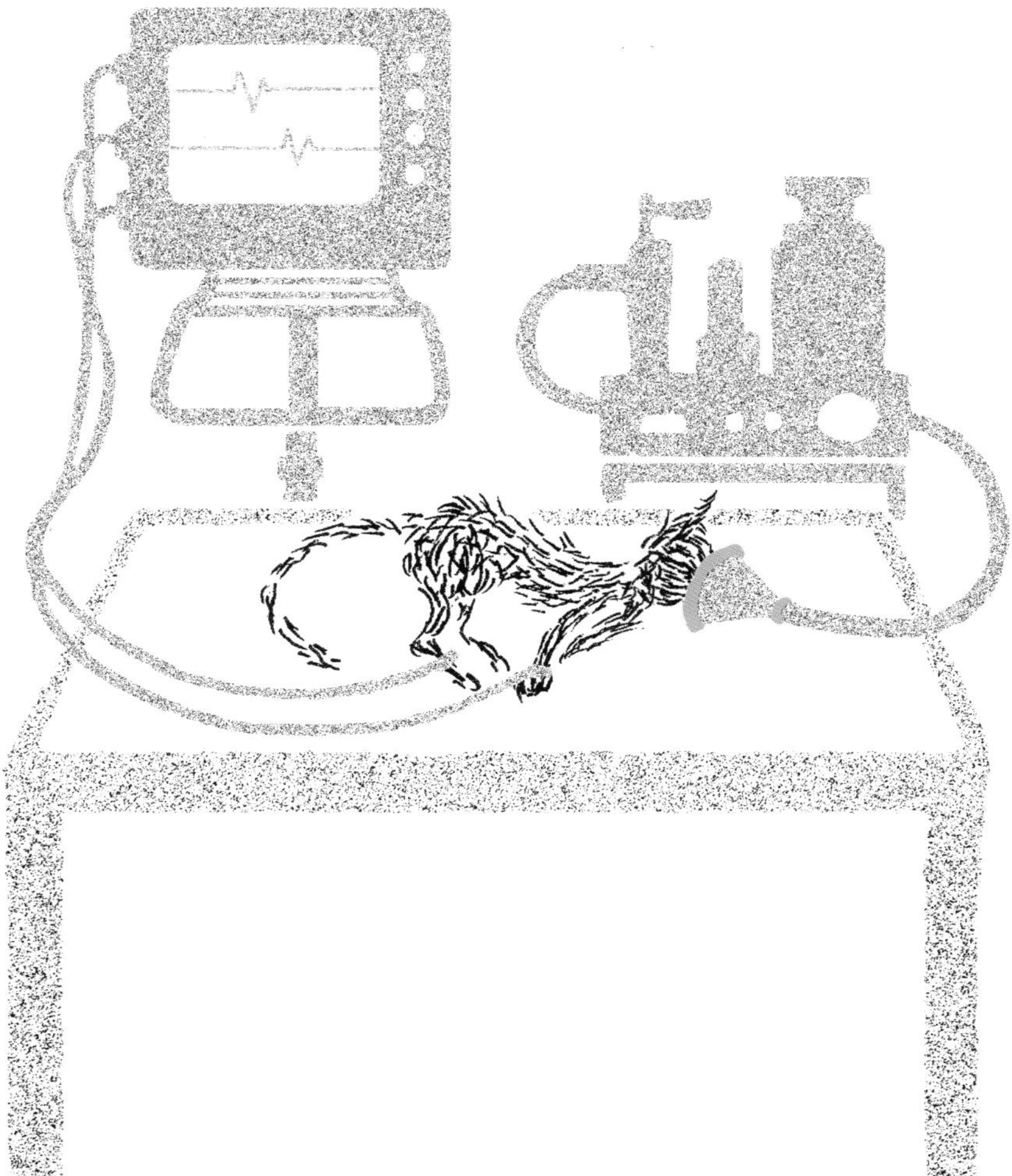

Day 5

5日目

いつものように仕事を終えて病院に駆けつけました。

今日はどんな格好してるかな、ケージのどの辺りに寝そべっているかな。

昨日あれだけ野良猫への想いを強くしたわたしは、これまでになかった前向きなエネルギーを胸に、いつものフロアのドアを開けました。

野良猫はケージから出されて診察台の上に載っていました。その口には細いチューブが差し込まれさらにそのチューブはおもちゃのような機械につながっていました。

容態が思わしくないですね。自発の呼吸が難しいので、今、酸素吸入器をつけています。

今夜がヤマかもしれませんね。

Day 5

心の準備？　そんなもの初めからありません。動かなくてもいい、生きていればいい。今日も治療費を払って帰るんだと信じていたから。

今夜がヤマって夜を乗り越えられるかってことだよね。

今日死んじゃうかもしれないってことだよね。

言葉の意味を一生懸命理解しようとしたけれど、理解したところで目の前の現実は何も変わらないことも分かっていました。

白い診察台に黒い野良猫。

小さく上下するお腹の動きは酸素吸入器によるものなのか。機械で動かされているとしても、間違いなくそれはまだ生きているものの体温を持った愛おしい動きで、膨らんでしぼんでを繰り返していました。


できる処置はしているのであとはこの子の生命力に任せるほかないですね。

立ち尽くすわたしに先生たちはそれ以上かける言葉もなく、野良猫を動かしている機械音だけが気持ちを逆撫でするように規則正しく繰り返していました。

野良猫の額を指で撫でお腹にも手をあててみる。この手を通して、この子の言いたいことが伝わってこないだろうか。ほんのりと温かい痩せた野良猫は触れた手にすり寄ることもせずその目を開けてわたしを見ることもしません。

おまえ次第なんだってさ。


時が止まった部屋で、どこに行ったらいいのかと、ふわふわさまよっている野良猫のいのちが高いところからわたしたちを見つめているようでした。


その時、先生が野良猫の「なにか」に気づきました。

先生たちの動作に緊急性が加わりました。

野良猫の容態が急変したようです。わたしには何が起きたのか分かりません。何かの数値が悪い方を示し始めたのか、急に苦しみ出したのか、先

Day 5

生たちが慌ただしく動き、野良猫の瞳を剥いてライトをあてたり、チューブを取り外したり、付け替えたり、よく分からないけれど、野良猫が着々とわたしが見たくない「死」に向かって歩き出そうとしているのは先生たちの動きで分かります。

「あーこれはちょっとよくないですね」

しばらくして先生は言いました。

「どうしますか？　今は意識がないから、酸素吸入器を外したままでも苦しまずに逝けます。それとも延命治療をしますか？」

先生たちの中で、わたしはすでに立派なこの野良猫の飼い主でした。わたしの判断ひとつで、この野良猫は生きるのを止めることもできれば、生きながらえることもできる。目の前の野良猫の運命は「おまえ次第」ではなく「わたし次第」になっていました。

ひどい重圧と恐怖で立っているのがやっとでした。

今日もお金を払って帰り、また明日会いに来る、そう思って来たし、そんな日々が続けばいいとすら思っていました。この子が生きているのならずっとずっと続いてもいいと。

もしわたしたちが死という別れ方をするならば、ある日いつものように病院に来たら死んでしまっていた。それがベストのシナリオでした。

それが今、野良猫はわたしの目の前で手の届かない場所へ歩き出そうとしているのです。

本当のことを言うと答えは出ていました。

でもそれを言葉にすることがどうしても出来ませんでした。

少しでも野良猫の心がにじみ出てこないか、それを吸いとりたくて身体をさすりながら話しかけます。

もう少し一緒に頑張ってみる？

頑張ったら歩けるようになる？

わたしは明日も会いに来る気でいたよ。本当だよ。なのに今日で最後にするの？

Day 5

……最後にしてもいい？

言えない！　言えない！　言えないよ！

「もういいよ」

はっとして野良猫を見ました。意識を失っているという野良猫はぱかーっと大きな口をあけていました。初めて見る口の中には思いのほか白くて尖った歯がありました。

何をしても、もう寒空の下を歩くどころか、ヒーターの場所を探しあてて動くことすらできないことが分かりました。

野良猫はもうわたしの手の届かない場所に向かってゆっくりと歩き出していました。

呼吸を整えながら一気に言った。

「楽にしてあげてください」

セリフのように言いました。お決まりのセリフを言ってばかみたいと思いながら。

すべての機器が外されました。

野良猫に酸素吸入器もチューブも、もうつけられることはありませんでした。

五日前、心細げにこの診察台に載せられた時と同じ、ただの黒い野良猫がいました。

大きくあけた口は空気を求めているようでした。意識がないから楽に逝けるなんて嘘じゃないのか？　先生たちは黙って見守っています。

前脚が空を掻き、歩いていたことを思い出しているよう。

目をそらすこともできた。でも、そらさなかった。

生きることをやめたくない野良猫が、わたしのせいでそれを終わらせようとしているのを、歯をくいしばり涙を拭いながら見つめていました。

何かを求めるように上げていた上体がゆっくりと沈んでいきます。

恐ろしく長い時間に感じました。少しずつ動きを鎮めしぼんでいく身体。

Day 5

この世界から消えて行こうとしている野良猫を見つめながら、これが父だったら、母だったら、彼だったら、親友だったらと考えました。

ひとつの生きるエネルギーが消滅するということは猫も人も一緒でした。

野良猫の口がゆっくりと閉じていき、尖った歯が見えなくなりました。
そして、電池が切れたように動かなくなりました。
わたしはわたしの意思で猫を一匹死なせました。

「最後までよく看てあげたと思いますよ」

『野良猫の運命を変えてしまった責任がある』
と言った先生が言葉をかけてくれました。
診察台の周りから一人、また一人といなくなり、機械が片付けられました。
動かない野良猫とどうしようもないわたしだけが取り残されました。

「このあとですが」

病院からさほど遠くない場所にある動物霊園のパンフレットを渡されました。

普段は人目につかないところに置いてあるであろうそれには、やわらかなタッチのイラストと共にペット葬儀の費用リストが載っていました。

火葬し埋葬し供養する。いちばん小さな法要で六万円ほど。

これが最後の支払いになるのかと思うとなぜか寂しい気持ちになりました。
完全に死体となった野良猫にわたしにはもう涙は残っていませんでした。

Day 6

6日目

あの日から晴天続きだったのに朝からかなりの雨でした。

運ばれてきた野良猫はきれいなそれ用の段ボールの箱に猫らしく丸く納まっていました。

黒い毛並みは艶やかで、しなやかな肢体の成人雄猫でした
目ヤニはきれいに拭き取られ、細いペンで描いたように閉じたまぶたはなんの感情も持っていませんでした。

身体を洗ってもらったの、初めてだったろうに。
入院した時は体力が消耗するからって洗ってもらえなかったけど死んじゃったからね。

もう虫も枯葉も汚れもついていない黒い身体を存分に撫でました。

Day 6

死体らしい感触でしたが、撫でてあげられなかった分思い切り撫でました。というより、わたしが撫でたかったのでした。飽きるまで撫でていました。

触らない方がいいって言われたけど、生きているときにもっと触れてあげてもよかったな。ちょっとでもこの子の痛みが和らいだかもしれない。人の手で撫でられる経験をさせてあげてもよかったんじゃないか。勾玉のかたちで箱に収まった野良猫は、愛されてかわいがられて家族として旅立つ猫たちと見た目は何も変わらない気がしました。ハンカチを箱にかけて車の助手席にのせました。

もうこの病院に足を踏み入れることはないだろう。毎日会っていたこの先生たちと会うこともないだろう。

お世話になりました。

先生たちにわたしと野良猫はどんな風に映っているんだろう。

雨の中、外に出て頭を下げて見送ってくれるこの獣医さんたちも、これからたくさんの動物と飼い主がやって来て毎日が忙しく過ぎていけば、わたしと野良猫のことなんて、エピソードの一つとして埋もれていき、そのうち思い出すこともなくなるんだろうな。

霊園までの数分の静かな車内、それはとてもあたたかく厳かな時間でした。

窓を打つ雨すらやさしく滴っていきました。

わたしたちの間に初めて不安のない時間が流れていました。

信号で停まる度に片手で撫でて話しかけました。

動物霊園は二月の冷たい雨にかすんでいましたが不思議と澄んだ空気に満ちていました。

「野良猫くんなんですね。ここには飼い主のいない動物たちが一緒に埋葬されているお墓があるんですよ。そこならきっと、このノラちゃんもお友達がたくさんいて淋しくないと思うんです、どうですか？」

さすらいの野良猫に友達ができる。はじめは戸惑いながらも次第に慣れて友達猫と走り回る。そんな姿を想像してみました。

その「きずな塚」に埋葬するのであれば、費用はかからないということでした。

Day 6

「名前つけてらっしゃいましたか？」

火葬、供養するのに名前が必要とのこと。

名前……。のら、野良猫、黒猫、としか呼ばなかった六日間。六日間だけでも名前をつけてあげたらよかったな。名もなき黒い野良猫。

子どものころ読んだ絵本「こねこのぴっち」を思い出しました。

好奇心いっぱいでみんなと違うことがしたい黒い子猫。

冒険好きが高じて池に飛び込み、びしょ濡れになったぴっち。ひどい風邪をひき、おばあさんがぴっちをベッドに寝かせます。頭がすっぽりと沈んでしまうほどの大きくてふかふかの枕にうずくまる小さなぴっちの絵が印象的で、そのページに辿りつくのが楽しみだった記憶がよみがえります。

「ぴっち」でお願いします。

供養の書類に丁寧に毛筆で「ぴっちくん」としたためられました。

火葬する直前になって名前をつけられた野良猫、いえ、ぴっちが入った箱が小さな扉の前に運ばれました。

「では、ここでお別れです」

その扉を入ったら、ぴっちは二度と戻ってこない。この黒い毛皮に覆われた動物は、完全にその存在を地球上から消すのです。

深呼吸をしました。


病院に連れて行っちゃってごめんね。

寒くても野良猫生活を続けたかったよね。

もっともっと自由に歩いていたかったよね。

お金の心配ばかりしちゃってごめんね。

うちに連れて帰ることをこれっぽっちも考えなくてごめんね。

Day 6

酸素吸入器を外してしまってごめんね。
目で追ってもらえるような人間じゃないんだよ。
それなのにわたしのこと目で追ってくれた、ありがとう。
最後に触れたわたしのこの手の感触を忘れないで。
忘れないからね、だからさみしくないよね、野良猫ぴっち。

黒いスーツに白い手袋の男性が、丁寧にぴっちの入った箱の蓋を閉め合掌し、扉の奥へと連れて行きました。

さようなら　ぴっち。

ぴっちは燃えてささやかな灰になり、この世から姿を消しました。

わたしと野良猫の六日間のお話はここまでです。

Epilogue

そのあとのお話

ぴっちがいなくなって、あのバス通り沿いの病院に通って、お金を払う生活は終わりました。

膨らんでいく治療費に気をとられ、ぴっちのいのちと比べたことはずっと心にしみとなって残りました。

予期せぬ出費が必要になった時、それが何かを救うものならなおさら、ためらわずに差し出せる度量と蓄えを持ち合わせていなかったあの頃の自分が悔しいのです。

飼い猫だって逃げるのに、野良猫がおとなしく抱き上げられるなんて、そもそもよっぽどひどい状態だったんだよ、と言ってくれる人もいました。けれどあの時、わたしの目の前で、ぴっちの容態が急変したのは、何の力が働いていたのだろう。もういいよ、払わなくていいようにするよ、ぴっちはわたしの心を見透かしていたのだろうか。

動物のいのちと日々向き合っているCに聞いてみました。

うちね、何年も飼っていた犬が高齢で動くこともできなくなって、家で看取る覚悟をみんなでしたんだ。

うちは農家だから、その時は一年でもいちばん忙しい時期で家族が揃うことなんて滅多になかった。

でもある日、本当に奇跡的に、父さんも母さんも私も弟もばあちゃんも、みんなが揃った時間が数分あった。その時に息を引き取ったんだよ。

一緒に過ごした家族みんなが揃ったあの瞬間に、みんなに見守られて。

犬や猫ってそういうところあるよ。飼い主のいるところで死ぬっていうか。タイミングを分かっているっていうか。

その猫、待ってたんじゃないのかな。いちばん優しくしてくれて、最後まで面倒を看てくれた人が来てくれるのを頑張って待ってたんじゃないのかな。来てくれるまでは頑張るぞって。

Epilogue

野良猫の運命をあなたが変えてしまったというフレーズはいつまでもわたしについてきました。抱き上げずにはいられなかったあの瞬間の自分をずっと責めていました。

あれから野良猫を見ればぴっちを思い出し、生きろよ、死ぬなよと心で呼びかけ、目が合えば、もしかしてお前はぴっちか？と立ち止まり、ぷいと走り去られると、今頃ぴっちはどこを歩いてるんだろう。そろそろ生まれ変わっているんじゃないか、なんて思うのです。

月日が流れ、様々な人たちと出会い、またいつか、と、さようならを繰り返す中で少しずつあの日々と折り合いがつけられるようになりました。

野良猫の運命を変えたのは事実です。

車に轢かれない代わりに、病院の診察台の上で、意識がないから今ならと救命機器を外されて死ぬことになった。どちらが野良猫にとっていい死に方だったかなんて分からないけど、今わたしは「病院に連れて行ってよかった」と思っています。

あの時、拾い上げなかったら、あるいはまた道路に戻したら、ぴっちはおそらく車に轢かれ、その亡骸に人々は顔をしかめるだけで、次々と車に轢かれ続け、アスファルトに長く伸びて貼りついて、シミとなり消えていったことでしょう。

たとえそれが野良猫の死に方の一つだったとしても、あの時わたしは、目の前の野良猫を放っておけずとっさに拾い上げたのです。

そしてこう考えるのです。野良猫ぴっちの運命は生涯最後の数日を人間の手に触れ、人間と共に過ごすものだった、と。優しいタクシーの運転手さん、日夜見守ってくれた動物病院の先生たち、そしてそこで思いがけず最新の医療を体験する運命だったと。びっくりするほどあたたかな寝床で疲れた身体を休め、食べ物を探してさまようことのない生活を味わった最後の五日間。そして親切な動物霊園の人たちに手厚く供養されぴっちは野良猫人生の幕を下ろしたと。

死ぬのが怖いからとペットを飼わないわたしに「動物は死んだ時の悲し

みよりも生きているときにもっと大切なことを教えてくれる」とCが言っていました。確かに、ぴっちは生きていた五日間でわたしにこれまで味わったことのない感情を抱かせ、考えそして行動させました。それらは決して楽しいものではなかったけれど、おそらくあの日々がなければ、一生わたしの中に芽生えることのない感情でした。いのちと関わることは覚悟と責任が必要で、それを無くして互いに幸せな「動物関係」は築けないのだと知りました。

　そしてぴっちがいなくなって、あらゆる生きものの存在を意識するようになりました。曇天の風を切って飛ぶつばめ、涼しくなった庭で鳴き始める虫たち、早朝の道ですれ違うおじいさんと白い老犬、それぞれが与えられた姿で今生を生きている、わたしの周りは実はいのちだらけなんだと、気づきました。

　これまで、大切なものの死を体験したくないと思っていました。死を体験すれば確かに残された者は悲しい、でも、悲しみを恐れて他とかかわらずにいるよりも、生きているときに多くと触れ合い、語り、相手を想う中で人生は彩られていくもの。そしてそれは、死によって更に深まるものだと。六日間だけ野良猫ぴっちの飼い主となったわたしがぴっちにもらったものが、時間をかけて分かってきました。

あの日、予定より早く家を出て、あの横断歩道を渡ったから出会えたぴっち。出会わなかったら、今と全く違うわたしが生きているでしょう。そう、野良猫ぴっちもわたしの運命を変えたのです。

ぴっちと会えてよかった。

君がいのちをかけてその小さな身体で教えてくれたものをわたしは大切にして生きている。

でも今もわたしは猫を飼いたいとは思いません。理由は、死んだら悲しいからではありません。まだ猫のいのちに覚悟と責任を負えるまでにはなれていないし、それに……生まれ変わったぴっちと出会いたいからです。きっとこの先、「あの時の野良猫だよ」とわたしに分かるような登場をし

Epilogue

てくれるだろうと期待しているのです。

学生の鞄に黒猫のキーホルダーが揺れていたり、黒猫が描かれたTシャツを着た人が目の前にいると、ぴっちがあちこちでわたしを見ている気がして嬉しいのです。

あれから、よろよろ歩いて倒れそうな野良猫に会ったことはありません。

でも、またわたしの目の前をそんな猫が歩いていたら……。

わたしはまた、抱き上げてしまうかもしれません。野良猫の運命を変える責任をしっかり受け止めながら。

〈著者紹介〉

万洲田千尋（ますだ ちひろ）

静岡県出身。映画配給、映写技師を経て、スクリプターキャリアをスタートさせ現在に至る。その傍ら、俳句・短歌・短編小説の発表・作詞活動を行う。

〈イラストレーター紹介〉

ナカオクミ

富山県出身。多摩美術大学グラフィックデザイン科卒。Masa Mode Academy of Art 研究科修了。ステーショナリーデザイナーを経て2003年フリーランスへ。
17歳の黒猫と暮らす。
http://nakaokumi.com

〈協 力〉

阿部利一郎　齊藤三恵　渡邊早百合

生《い》きているとき

2021年9月13日　第1刷発行

著　者　万洲田千尋
発行人　久保田貴幸

発行元　株式会社 幻冬舎メディアコンサルティング
〒151-0051　東京都渋谷区千駄ヶ谷4-9-7
電話　03-5411-6440（編集）

発売元　株式会社 幻冬舎
〒151-0051　東京都渋谷区千駄ヶ谷4-9-7
電話　03-5411-6222（営業）

印刷・製本　中央精版印刷株式会社
装　丁　荒木香樹

検印廃止

ISBN 978-4-344-93548-8 C0095
幻冬舎メディアコンサルティングHP
http://www.gentosha-mc.com/